Siegrun Boß-Kulbe

Weihnachtsfenster

Bilder aus Tonkarton

CHRISTOPHORUS
BRUNNEN-REIHE

SEIT MEHR ALS 30 JAHREN STEHT DER NAME „CHRISTOPHORUS" FÜR KREATIVES UND KÜNSTLERISCHES GESTALTEN IN FREIZEIT UND BERUF. GENAUSO WIE DIESER BAND DER BRUNNEN-REIHE IST JEDES CHRISTOPHORUS-BUCH MIT VIEL SORGFALT ERARBEITET: DAMIT SIE SPASS UND ERFOLG BEIM GESTALTEN HABEN – UND FREUDE AN SCHÖNEN ERGEBNISSEN.

ISBN 3-419-55985-2

Textredaktion: Jutta Orth, Freiburg
Fotos: Andreas Gerhardt, Bötzingen
Umschlagfoto: Roland Krieg, Waldkirch
Reinzeichnungen: Holger Simon, Freiburg
Produktion: Print Production, Umkirch
Druck: Freiburger Graphische Betriebe, 1998

CHRISTOPHORUS
Bücher mit Ideen

Inhalt

Weihnachtszeit – Bastelzeit

Wenn es draußen kahl und grau geworden ist, macht es um so mehr Freude, durch bunten Schmuck an Fenstern und Türen vorweihnachtliche Stimmung herbeizuzaubern. Fensterbilder aus Papier eignen sich hierfür hervorragend und sind zudem leicht zu basteln. In diesem Büchlein werden Sie viele neue Motive für weihnachtliche Fensterbilder finden: eine Spieluhr, Christsterne, ein Vogelhäuschen und einen Bären, der bei der Weihnachtspost hilft. Einen Weihnachtsmann, der mit einem Sternenschlitten

durch den Winterwald braust, einen Engel auf einer Sternschnuppe und vieles mehr. Doch nicht nur die eigene Wohnung läßt sich mit Fensterbildern stimmungsvoll schmücken. Auch Großeltern, Freunde oder Bekannte werden sich über selbstgebastelten Fensterschmuck sicherlich freuen.

Ich wünsche Ihnen viel Spaß beim Basteln und eine gemütliche Vorweihnachtszeit!

Siegrun Boß-Kulbe

Material und Technik

Material

- **Tonkarton in verschiedenen Farben**
- **Tonpapier in verschiedenen Farben**
- **Aquarellpapier in verschiedenen Qualitäten**
- **Geschenkpapier**
- **Packpapier**

Das Material

Die hier vorgestellten Fensterbilder werden hauptsächlich aus Tonkarton und Tonpapier hergestellt. Beide Papiersorten sind in vielen verschiedenen Farben im Fachhandel erhältlich und lassen sich problemlos verarbeiten. Aquarellpapier bekommt man in zahlreichen Ausführungen im Künstlerfachhandel.
Damit ein Fensterbild von beiden Seiten schön aussieht, sollte es zweiseitig gearbeitet werden. Dafür müssen alle Motivteile doppelt zugeschnitten werden.

Das Ausschneiden
Die Motivteile zunächst grob mit der Schere ausschneiden, das erleichtert die weitere Handhabung. Bei großflächigen Motiven dann mit dem Cutter oder mit der Schere die Umrisse exakt nachschneiden. Bei Scherenschnittmotiven lassen sich die Feinheiten besonders gut mit der Nagelschere, und zwar von innen nach außen, herausarbeiten. Die Außenkontur erst zum Schluß exakt zuschneiden.
Als Schneideunterlage für das Arbeiten mit dem Cutter eignet sich am besten ein Plastikbrett. Sie können auch einen dicken Karton verwenden, müssen dann aber aufpassen, daß das Messer nicht in eine alte Schneidespur abrutscht. Halten Sie den Cutter beim Schneiden locker in der Hand, und schneiden Sie zügig.

Das Kleben
Für die Klebearbeiten eignet sich ein gut haftender Klebstoff, wie z.B. UHU Alleskleber oder UHU extra. Kleinere Kinder sollten jedoch lösungsmittelfreien Klebstoff, z.B. UHU flinke Flasche (mit dem grünen Etikett), verwenden.
Den Klebstoff sehr sparsam und immer etwas vom Rand entfernt auftragen, damit beim Zusammenpressen der Teile nichts herausquillt.

Das Aufhängen der Bilder
Fensterbilder sollten an möglichst unauffälligen Fäden aufgehängt werden, z.B. Nylonfäden. Dazu durchbohrt man die Bilder entweder mit einer Nadel oder klebt, sofern sie doppelseitig gearbeitet sind, den Faden zwischen Vorder- und Rückseite mit ein.
Scherenschnitte lassen sich auch mit doppelseitigem Klebeband direkt an der Fensterscheibe befestigen.

Das Übertragen der Motive

❶Das gewünschte Motiv mit einem weichen Bleistift und Transparentpapier vom Vorlagenbogen abpausen.

❷Die einzelnen Motivteile auf den gewünschten Karton oder das passende Papier übertragen. Dazu das Transparentpapier seitenverkehrt auflegen, und mit leichtem Druck des Bleistifts die Linien nachziehen.

❸Alle Motivteile ausschneiden und zusammenkleben.

Tip
Mit Kohlepapier lassen sich die Motivteile auch direkt vom Vorlagenbogen auf Papier oder Karton übertragen. Einfach das Kohlepapier mit der Kohleseite nach unten zwischen Vorlage und Karton legen, und die Linien der Vorlage mit einem harten Bleistift nachziehen. Damit die Lagen nicht verrutschen, alles mit ein paar Büroklammern zusammenheften.

Hilfsmittel

- **Transparent- oder Kohlepapier**
- **Bleistift**
- **große und kleine Schere (z.B. Nagelschere)**
- **Cutter**
- **Filzstifte in verschiedenen Farben**
- **Plusterfarbe (Liner)**
- **Klebstoff**
- **Nadel**
- **Nylonfaden**
- **Bürolocher oder Lochzange**

Weihnachtskrippe

Material

- **Tonpapier in Weiß, Grün, Dunkelblau, Beige, Hellgelb, Orange**
- **Künstlerkarton in Dunkelgelb, Hellblau, Grau, Graubraun, Tannengrün, Braun**
- **Filzstifte in Schwarz, Blau**

Vorlage A

❶ Alle Motivteile vom Vorlagenbogen auf Papier bzw. Karton übertragen und ausschneiden.

❷ Die Sternschnuppenform des Daches mit gelbem Tonpapier hinterkleben und mit dem kleinen Stern schmücken. Den orangefarbenen Schatten an der Rückseite des Daches fixieren.

❸ Maria und Josef ankleiden. Die Hände von hinten an den Ärmeln befestigen. Dann die Gesichter mit schwarzem Filzstift, die Ärmelkonturen an Marias Kleid mit blauem Filzstift einzeichnen. Zuletzt Josefs Bart aufkleben.

❹ Das Stroh auf der Rückseite der Krippe fixieren. Die Windel mit hellblauen Streifen bekleben. Die Haare auf den Kopf und diesen auf den Körper kleben. Augen und Mund des Christkindes mit schwarzem Filzstift einzeichnen.

❺ Die Gruppe im Stall arrangieren. Die Wiese so aufkleben, daß sie von Marias Mantel etwas überlappt wird.

Besuch für den Schneemann

Material
- **Aquarellpapier, stark strukturiert, in Weiß**
- **Tonpapier in Mittelblau, Hellblau, Schwarz, Gelb, Hellgrau, Hellorange, Braun**
- **Künstlerkarton, graumeliert**
- **Bleistift**

Vorlage B

❶ Die Motivteile vom Vorlagenbogen auf Papier übertragen und ausschneiden.

❷ Grasbüschel und Ackerfurchen ausschneiden. Borte in den Stamm schneiden und mit braunem Papier hinterkleben.

❸ Hut mit Hutband bekleben und dem Schneemann aufsetzen. Die Nase einsetzen, dann Augen und Mund mit Bleistift einzeichnen. Drei schwarze Punkte anbringen. Anschließend den Schal fixieren. Den Besen zusammensetzen und befestigen. Handschuhe verzieren und aufkleben.

❹ Vogelaugen mit Gelb hinterkleben. Schnäbel von hinten fixieren.

❺ Baum und Schneemann an der Grundform befestigen, die Vögel auf Baum und Schnee arrangieren, und die hellgrauen Schneefelder aufkleben.

Vogelhäuschen

Material
- **Tonkarton in Dunkelgrün**
- **Tonpapier Mittelblau, Hellblau, Gelb, Hellorange, Weiß, Rot**
- **Künstlerkarton in Hellbraun**
- **Filzstift in Schwarz**

Vorlage C

❶ Alle Motivteile vom Vorlagenbogen auf Karton bzw. Papier übertragen und ausschneiden.

❷ Mit einem Bürolocher oder einer Lochzange zwölf Beeren aus rotem Tonkarton ausstanzen. Zehn davon auf den Blättern verteilen.

❸ Die Blätter auf der Krippenbasis arrangieren.

❹ Die Schneeflächen auf das Vogelhaus kleben, so daß ein Blatt vom Schnee überlappt wird. Zwei rote Beeren auf der unteren Schneefläche befestigen.

❺ Die Vögel mit Kopfgefieder und Flügeln bekleben und auf dem Vogelhaus fixieren. Die Pupillen mit schwarzem Filzstift einzeichnen.

Nordische Weihnacht

Material

- **Tonpapier in Dunkelgrün, Apfelgrün, Gelb, Rot, Türkis**

Vorlage D

❶ Den Scherenschnitt von der Vorlage auf dunkelgrünes Tonpapier übertragen und mit dem Cutter und einer kleinen Schere ausschneiden.

❷ Die Päckchen mit türkisfarbenem, den Tannenbaum mit rotem Tonpapier hinterkleben.

❸ Die Elche mit apfelgrünem Papier (18,5 x 7 cm), das Weihnachtszimmer mit gelbem Papier (18,5 x 11 cm) hinterkleben. Als Hintergrund für Bäumchen und Skiläufer apfelgrünes Tonpapier passend zuschneiden und befestigen.

Engel auf der Sternschnuppe

Material

- **Aquarellpapier, stark strukturiert, in Weiß**
- **Tonkarton in Gelb, Dunkelblau**
- **Tonpapier in Orange, Beige, Rosa, Braun, Gelborange, Hellblau**
- **Pluster in Gold**

Vorlage E

1 Alle Motivteile vom Vorlagenbogen auf Karton bzw. Papier übertragen und ausschneiden.

2 Mit einer Lochzange oder einem Bürolocher an den markierten Stellen Löcher ausstanzen.

3 Borten auf Ärmeln und Kleid fixieren. Kopf von hinten ankleben.

4 Wange, Haare, Auge und Heiligenschein befestigen. Kragen und Flügel aufkleben. Ärmel fixieren. Arme und Bein von hinten ankleben.

5 Zwei Sterne versetzt aufeinandersetzen, auf dem Stab fixieren, und diesen hinter die rechte Hand des Engels kleben.

6 Konturen der Ärmel, Flügel und des Heiligenscheins mit Gold nachzeichnen. Sternchen auf die Borte malen.

7 Den Engel auf die Sternschnuppe setzen.

8 Die Sterne mit Nylonfäden an der Sternschnuppe aufhängen.

Weihnachtspost

Material

- **Tonkarton in Dunkelgrün**
- **Tonpapier in Weiß, Rot, Beige, Gelb, Orange, Hellblau, Dunkelblau, Lila, Schwarz, Dunkelgrün**
- **Packpapier in Gold, Grün**
- **Geschenkpapier in Dunkelblau**
- **Filzstift in Schwarz**
- **Pluster (Liner) in Weiß**
- **Buntstift in Lila**

Vorlage F

❶ Die Grundform zusammenhängend aus dunkelgrünem Tonkarton zuschneiden. Alle Motivteile vom Vorlagenbogen auf Karton bzw. Papier übertragen und ausschneiden.

❷ Schneefläche einschneiden, und den Brief in den Schnee stecken. Grasbüschel aufkleben.

❸ Orangefarbene Streifen, Schleife, Blätter, Buchstaben und Posthorn auf dem Briefkasten fixieren. Den Briefschlitz ausschneiden und mit schwarzem Tonpapier hinterkleben. Konturen mit schwarzem Filzstift einzeichnen, und den Kasten vor den Tannen plazieren. Briefe verzieren und aufkleben.

❹ Pullover und Mütze mit weißen, Handschuhe und Mützenkrempe mit lila Sternchen bemalen. Pulli auf die Hose kleben. Hinterpfoten und Fransen des Schals von hinten anbringen. Das Bärengesicht mit schwarzem Filzstift einzeichnen und den Kopf hinter den Schal kleben. Handschuhe auf den Armen fixieren. Mütze aufsetzen. Den rechten Arm, dann die verzierten Päckchen und zum Schluß den linken Arm befestigen.

❺ Den Bären auf die Schneelandschaft kleben. Siebzehn rote Locherpunkte als Zierketten auf den Tannen arrangieren. Drei weiße Punkte auf die beiden Blätter kleben.

POZ

Winterdorf

Material

- **Aquarellpapier, fein strukturiert, in Weiß**
- **Künstlerkarton in Hellblau, Grau, Graubraun, Brau, Hellorange**
- **Tonpapier in Weiß, Beige, Schwarz**
- **Geschenkpapier in Dunkelblau mit Sternen**
- **Bleistift**

Vorlage G

1. Alle Motivteile vom Vorlagenbogen auf Karton bzw. Papier übertragen und ausschneiden.

2. Bäume, Zaun und Weg aus der Grundform ausschneiden. Die Reststückchen der Bäume aufheben.

3. Die blaue Fläche mit weißem Tonpapier hinterkleben. Oberen und untere Schneehügel befestigen. Die ausgeschnittenen blauen Papierstückchen zwischen die Äste kleben.

4. Kirche und Häuser zusammensetzen, vor dem hinteren Schneehügel fixieren, und diesen mit Geschenkpapier hinterkleben.

5. Mit Bleistift die fehlenden Astspitzen einzeichnen.

Tip
Ist für den Hintergrund nur einfaches blaues Papier vorhanden, kann man die Sternchen mit einem weißen Pluster aufzeichnen.

Christsterne

Material
- **Tonkarton in Gelb**
- **Tonpapier in Dunkelgrün, Rot, Orange**
- **Künstlerkarton in Hellgrün**
- **Naturbast**

Vorlage H

❶ Alle Motivteile vom Vorlagenbogen auf Karton bzw. Papier übertragen und ausschneiden.

❷ Blätter auf den Blumentopf kleben. Den roten und dann den orangefarbenen Christstern fixieren.

❸ Mit einem Bürolocher oder einer Lochzange elf Punkte aus gelbem Tonpapier ausstanzen und als Staubgefäße auf den Blüten arrangieren.

❹ Bastschleife um den Blumentopf binden. Das Ensemble auf den Rahmen kleben.

Skifahrer im Winterwald

Material

- **Tonkarton in Weiß**
- **Tonpapier in Rot, Hellblau, Eisblau**

Vorlage I

❶ Den Scherenschnitt auf weißen Tonkarton übertragen und mit dem Cutter bzw. einer kleinen Schere ausschneiden.

❷ Die Eiskristalle, die Norwegerpullis und Mützen mit rotem Tonpapier hinterkleben.

❸ Die Tannen mit einem Streifen hellblauem, die Skifahrer mit eisblauem Tonpapier hinterkleben.

Spieluhr

Material
- **Tonkarton in Blau**
- **Tonpapier in Weiß, Rot, Grün, Gelb, Schwarz**
- **Geschenkpapier**

Vorlage J

1 Alle Motivteile vom Vorlagenbogen auf Tonkarton bzw. Tonpapier übertragen und ausschneiden.

2 Die weißen Dachverzierungen anbringen. Die Spieluhr mit Geschenkpapier bekleben. Weißen, gelben und grünen Schmuckstreifen fixieren.

3 Die rote Dachverzierung anbringen.

4 Mähne, Schwanz, Zaumzeug und Sattelteile in dieser Reihenfolge jeweils auf den Pferdchen befestigen. Die Hufe auf den Kufen und diese an den Pferdebeinen fixieren.

5 Den mittleren Pfeiler verzieren und mit der gelben Schleife schmücken. Punkte und Herzen am unteren Rand der Spieluhr anbringen.

6 Zum Schluß die Pferdchen auf dem Karussell arrangieren.

Nikolausschlitten

Material

- **Aquarellpapier in Weiß**
- **Tonpapier in Rot, Dunkelgrün, Hellgrün, Blau, Gelb, Schwarz, Braun, Orange, Beige, Pink**
- **Künstlerkarton in Ocker, Braun**
- **Geschenkpapier, kariert**
- **Filzstift in Schwarz**

Vorlage K

1. Alle Motivteile vom Vorlagenbogen auf Karton bzw. Papier übertragen und ausschneiden.

2. Bart und Haare des Nikolaus mit beigefarbenem Tonpapier hinterkleben. Das Gesicht mit schwarzem Filzstift einzeichnen. Mund und Nase aufkleben. Mütze, Mantel, Ärmelbesatz und Handschuhe - diese von hinten - fixieren.

3. Aus dem grünen Schlittenpolster Sterne ausschneiden, mit blauem Tonpapier hinterkleben und mit weißen Locherpunkten verzieren. Kufen, Polster und Decke befestigen, dann die Glocke von hinten ankleben.

4. Dem Elch Zaumzeug anlegen. Päckchen schnüren, verzieren und aufkleben. Zum Schluß die Satteltasche befestigen und mit Stern und Lebkuchen bekleben. Schnüre mit Filzstift einzeichnen.Wolke einschneiden, und Sterne arrangieren.

5. Elch und Nikolaus mit Schlitten auf die weiße Grundform kleben. Dabei die Pfoten des Elchs hinter einer kleinen Wolke verstecken.

Roter Weihnachtsstern

Material
- **Tonkarton in Rot**
- **Tonpapier in Weiß**

Vorlage L

❶ Den Scherenschnitt auf roten Tonkarton übertragen und mit dem Cutter oder mit einer kleinen Schere ausschneiden.

❷ Die weißen Verzierungen aufkleben.

Der Fallschirmspringer

Material
- **Tonkarton in Rot**
- **Tonpapier in Schwarz, Braun, Beige**
- **Künstlerkarton in Dunkelgelb**
- **Aquarellpapier in Weiß**
- **Packpapier in Hellgrün**
- **kariertes Geschenkpapier**
- **2 Wackelaugen (7 mm ∅)**
- **Filzstift in Schwarz**
- **Faden in Schwarz**

Vorlage M

❶ Alle Motivteile vom Vorlagenbogen auf Karton bzw. Papier übertragen und ausschneiden.

❷ Gelben Sack, Handschuhe und Tragriemen des Rucksacks fixieren.

❸ Gesicht mit schwarzem Filzstift bemalen und aufkleben. Mütze, Bart, Bommel und Pelzbesätze der Ärmel befestigen. Mund und Augen fixieren. Den Rucksack von hinten gegenkleben. Rucksack- und Trägerschnalle mit Filzstift einzeichnen.

❹ Zuerst den rechten Stiefel und den unteren Pelzbesatz, dann den linken Stiefel und die Schuhsohlen aufkleben.

❺ Den Fallschirm mit karierten Dreiecken bekleben. Drei Löcher an den markierten Stellen in die rote bzw. karierte Fläche des Fallschirms stanzen. Sieben ca. 20 cm lange Fäden zuschneiden. Drei davon an den ausgestanzten Löchern festbinden. Das gelbe Futter aufkleben, und weitere vier Löcher stanzen. Die restlichen Fäden befestigen und am Rücken des Nikolaus fixieren.

Neben dieser Auswahl aus der Brunnen-Reihe haben wir noch viele andere Bücher im Programm. Wir informieren Sie gerne - fordern Sie einfach unsere neuen Prospekte an:

- <u>Bücher für Ihre Kinder:</u> Basteln, Spielen und Lernen mit Kindern
- <u>Bücher für Ihre Hobbys:</u> Stoff und Seidenmalerei, Malen und Zeichnen, Keramik, Floristik
- <u>Bücher zum textilen Handarbeiten:</u> Sticken, Häkeln und Patchwork

3-419-55987-9

3-419-55991-7

3-419-55828-7

3-419-55910-0

3-419-55909-7

Wir sind für Sie da, wenn Sie Fragen zu AutorInnen, Anleitungen oder Materialien haben.
Und wir interessieren uns für Ihre eigenen Ideen und Anregungen. Faxen, schreiben Sie oder rufen Sie uns an.
Wir hören gerne von Ihnen! Ihr Christophorus-Verlag

Christophorus
Bücher mit Ideen
Hermann-Herder-Str. 4 / 79104 Freiburg i. Breisgau
Tel: 0761/2717-268 oder Fax: 0761/2717-352